PATESSIER'S
MASTERCRASS

BREAD & **MACARON** | 빵 & 마카롱

—

BREAD
&
MACARON

—

초판 1쇄 인쇄 2017년 11월 15일
초판 1쇄 발행 2017년 11월 20일

지은이	류인철(대표저자) 외
펴낸이	김호석
펴낸곳	도서출판 린
편집부	박은주
마케팅	오중환
관리	김소영

등록 313-291호

주소	경기도 고양시 일산동구 장항동 776-1 로데오메 탈릭타워 405호
전화	02) 305-0210
팩스	031) 905-0221
전자우편	dga1023@hanmail.net
홈페이지	www.bookdaega.com

ISBN 979-11-87265-25-2 13590

파 티 쉐 를 위 한 마 스 타 클 래 스

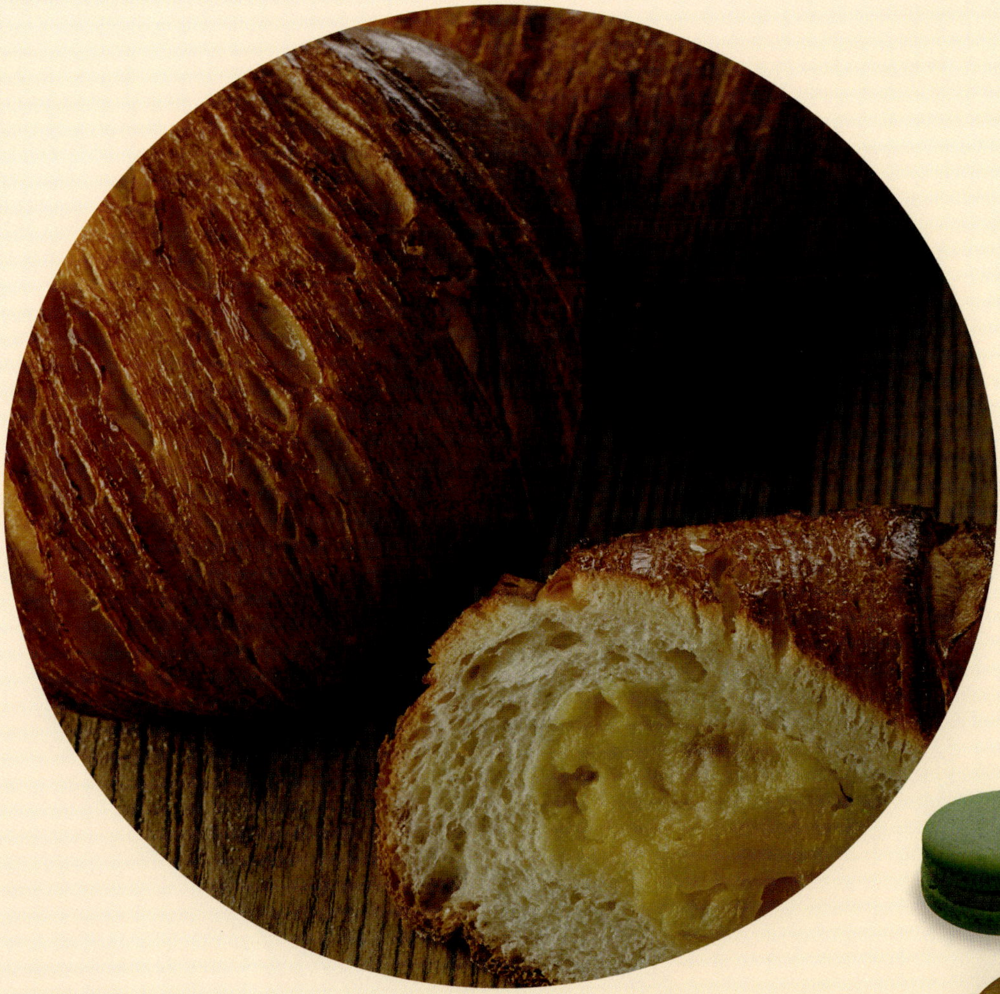

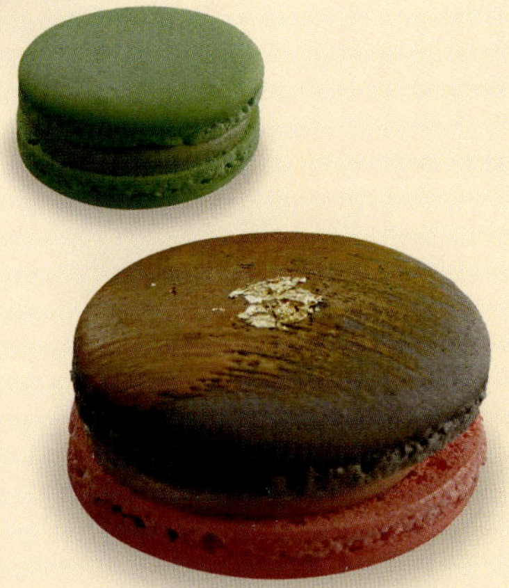

PATESSIER'S MASTERCRASS

BREAD & MACARON | **빵 & 마카롱**

대표저자 류인철 외 지음

LINN
도서출판 린

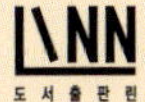

미래를 꿈꾸는 파티쉐를 위한 길잡이

많은 젊은이들이 전문적인 파티쉐를 꿈꾸며 제과 제빵을 공부하고 있습니다. 이런 열정적인 젊은이들의 노력 덕분에 그동안 우리나라는 국내 기능대회에서 많은 발전 및 국제 기능 올림픽 제과 제빵 부분을 비롯하여 다양한 세계 대회에서 우수한 성적을 거두어 왔습니다.

하지만 국내외 제과 제빵 기능대회에 대비한 체계적이면서도 전문적인 기술 서적이 없다는 게 늘 아쉽고 힘들었습니다. 그와 같은 어려움을 해결하기 위해 각종 대회에 도전하는 미래의 젊은 파티쉐에게 꼭 필요한 제과 제빵을 위한 가이드북을 집필하게 되었습니다.

이 책에는 파티쉐로서 경험과 기술이 풍부한 전문 기능장들이 오랜세월동안 쌓아온 제과 제빵 기술과 제조 기법이 수록되어 있습니다. 국제 기능 올림픽 제패와 세계 대회 입상을 실현시킨 작품을 바탕으로 7년 동안 기획하고 6개월 동안 촬영하였습니다. 이 책에 실린 전문적인 레시피와 고난도 기술, 고혹한 예술이 한데 어우러진 작품들을 통해 반짝이는 아이디어를 얻게 될 것입니다. 특히 작품을 만들 때 미술 전문가,

색감 전문가까지 동원하여 디자인한 작품을 수록하였으므로 예술 감각을 키우는 데에도 큰 도움이 될 것입니다.

부디 이 책이 미래를 꿈꾸는 젊은 파티쉐들에게 개인의 발전 및 세계 제과 제빵 기술에 대해 새로운 눈을 뜨는 계기가 되고, 보다더 뛰어난 파티쉐의 길을 찾는 좋은 기회가 되면 좋겠습니다.

이 책을 만든 사람 일동

Contents

Dream
M P.T.S

Contents

Bread
액종 만들기

포도액종

원료	분량	제조공정
포도(캠벨)	1,000g	1. 살짝 씻은 포도를 준비된 믹서에 넣는다.
정제수	2,000g	2. 설탕, 물을 같이 넣고 3초간 간다.
설탕	90g	3. 매일 아침, 저녁으로 2회 10번 흔든다.
계	3,090	4. 3일차 때 걸러서 냉장 보관한다.

화이트 사워종 – 1일차

원료	분량	제조공정
유기농강력분	50g	1. 전체적으로 잘 혼합한다.
정제수	10g	2. 약 2시간 정도 발효시킨다.
몰트액기스	5g	3. 냉장 5℃에서 24시간 숙성시킨다.
발효종	60g	
계	125	

화이트 사워종 – 2일차

원료	분량	
유기농강력분	70g	1일차 전량과 잘 혼합하여 위와 같은 방법으로 계대배양 한다.
정제수	70g	
발효종		1일차 전량
계	140	

화이트 사워종 – 3일차

원료	분량	
유기농강력분	140g	
정제수	140g	몰트엑기스 10cc
발효종		2일차 전량
계	280	

화이트 사워종 – 4일차

원료	분량	
유기농강력분	300g	
정제수	250g	
발효종		3일차 전량
계	550	

화이트 사워종 – 5일차

원료	분량	
유기농강력분	700g	
정제수	700g	몰트엑기스 20cc
발효종		4일차 전량
계	1,400	

사용방법

1~5일차까지 2일차와 동일한 방법으로 계대배양하여 사용한다.

호밀 사워종 – 1일차

원료	분량	제조공정
호밀가루	50g	1. 전체적으로 잘 혼합한다.
정제수	10g	2. 약 2시간 정도 발효시킨다.
		3. 냉장 5℃에서 24시간 숙성시킨다.
계	60	

호밀 사워종 – 2일차

원료	분량	
호밀가루	70g	1일차 전량과 잘 혼합하여 위와 같은 방법으로 계대배양 한다.
정제수	70g	
발효종		1일차 전량
계	140	

호밀 사워종 – 3일차

원료	분량	
호밀가루	70g	
유기농강력분	70g	
정제수	140g	몰트엑기스 10cc
발효종		2일차 전량
계	280	

호밀 사워종 – 4일차

원료	분량	
호밀가루	150g	
유기농강력분	150g	
정제수	250g	
발효종		3일차 전량
계	550	

호밀 사워종 – 5일차

원료	분량	
호밀가루	350g	
유기농강력분	350g	
정제수	700g	
발효종		4일차 전량
계	1,400	

사용방법

1~5일차까지 2일차와 동일한 방법으로 계대배양 하여 사용한다.

Bread

Dream P.T.S
Dream

Rye Bread

본 반죽

재료명	분량
강력분	1,100g
호밀	400g
생이스트	18g
몰트 엑기스	16g
물	900cc
묵은 반죽	580g
소금	30g

제조공정

1. 호밀 400g, 물 400g, 이스트 6g을 섞어 실온에서 3시간 후 나머지 재료를 섞어 믹싱 80%를 진행한다.
2. 1차 발효는 60분한다.
3. 펀칭하고 30분 발효시킨다.
4. 분할 250g, 40g 분할한다.
5. 중간 발효는 20분한다.
6. 성형은 250g 반죽을 원형으로 몰딩 한 뒤 40g의 분할 반죽을 꽈배기 모양으로 만들어 위에 올린다.
7. 2차 발효 60분 후 밀가루로 모양을 낸다.
8. 굽기는 윗불 240℃, 아랫불 200℃에 40분 스팀 사용한다.

Dream P.T.S
Dream P.T.S

Rye Country

폴리쉬

재료명	분량
강력분	600g
호밀	300g
생이스트	6g
몰트 엑기스	8cc
물	880cc

본종

재료명	분량
강력분	580g
소금	28g
생이스트	16g
묵은 반죽	600g

제조공정

1. 폴리쉬 전체를 믹싱한다. 공기를 혼입시킨다.
2. 냉장에서 12시간 숙성 발효시킨다.
3. 숙성 후 실온에서 60분 발효시킨다.

제조공정

1. 폴리쉬와 본종의 배합을 섞고 90% 발전 단계까지 믹싱한다.
2. 1차 발효는 60분을 진행한다.
3. 분할은 250g, 50g으로 분할한다.
4. 중간 발효는 20분으로 한다.
5. 성형은 250g 반죽을 타원형으로 성형하고, 50g의 분할 반죽을 길게 밀어 편 뒤 감싼다.
6. 2차 발효 후 양끝을 칼질 후 윗면에 호밀 밀가루로 사인한다.
7. 굽기는 윗불 240℃, 아랫불 200℃에 40분 스팀 사용한다.

Campagne Polish I

폴리쉬

재료명	분량
강력분	1,560g
물	2,100cc
비타민C	1g
생이스트	8g
몰트 엑기스	4cc

본종

재료명	분량
강력분	1,560g
박력분	780g
소금	70g
생이스트	25g
묵은 반죽	750g
물	360cc

제조공정

1. 전 재료를 혼합 믹싱하여 공기를 혼입시킨다.
2. 실온 30분 냉장 10시간 이상 숙성시킨다.

제조공정

1. 냉장 숙성된 폴리쉬 반죽 전체를 본종과 함께 믹싱한다.
2. 1차 발효는 60분으로 한다.
3. 분할은 200g, 40g으로 한다.
4. 중간 발효는 15분으로 한다.
5. 성형은 200g 반죽을 둥글리기 하고, 40g을 원형으로 밀어 편 후 그 위에 200g 반죽을 올려놓고 4군데 접기를 한다.
6. 2차 발효는 50분으로 한다.
7. 굽기는 윗불 240℃, 아랫불 210℃에 40분 스팀 사용한다.

Campagne Polish II

폴리쉬

재료명	분량
강력분	490g
호밀	420g
생이스트	5g
물	950cc
몰트	6cc

본종

재료명	분량
강력분	560g
소금	30g
생이스트	10g
묵은 반죽	400g

제조공정

1. 전 재료를 믹싱하고 공기를 혼입시킨다.
2. 실온 40분 냉장에서 10시간 숙성시킨다.

제조공정

1. 냉장 숙성된 폴리쉬를 본종과 함께 믹싱한다.
2. 1차 발효 60분을 진행한다.
3. 분할은 200g, 50g으로 한다.
4. 중간발효 20분
5. 성형은 반죽을 둥글리기 한 후 공 모양의 틀을
   이용하여 반죽 중앙을 눌러 모양을 낸다.
6. 2차 발효 60분을 한 뒤 중앙에 50g의
   분할 호밀 반죽을 이용하여 장미 6송이를
   데코하여 마무리한다.
7. 굽기는 윗불 240℃, 아랫불 210℃에 40분을
   스팀 사용한다.

Campagne Ⅰ

폴리쉬 반죽

재료명	분량
강력분	1,200g
물	1,700cc
호밀	600g
몰트	8g
이스트	10g

본종

재료명	분량
강력분	700g
박력분	200g
소금	40g
생이스트	20g

제조공정(폴리쉬)

전 재료를 혼합하여 5℃ 냉장고에서 24시간
숙성한다.

제조공정(본종)

폴리쉬와 본종을 넣고 믹싱

1. 전 재료를 혼합 후 저속 2분, 고속 3분,
   중속 2분 동안 믹싱한다.
2. 1차 발효는 습도 70%, 건열 32℃,
   약 60분으로 한다.
3. 분할은 450g 분할하여 벤치타임 20분을
   준다.
4. 분할된 반죽을 럭비공 모양으로 성형하여
   2차 발효 실온에서 약 한 시간 발효한 후
   쿠프한다.
4. 굽기 온도는 상 240℃, 하 220℃ 스팀 분사 후
   40분간 굽는다.

Campagne II

호밀 종

재료명	분량
유기농 호밀	170g
물	140cc
드라이이스트	1g

제조공정

1. 믹싱 볼에 드라이이스트, 물을 섞어 거품기로 섞는다.
2. 1번에 유기농 호밀을 넣어 주걱으로 젓는다.
3. 냉장고에서 12시간 발효 후 사용한다.

본종

재료명	분량
강력분	1,200g
유기농 호밀	350g
소금	30g
물	1,000cc
드라이이스트	15g
묵은 반죽	900g
호밀종	전량

제조공정

믹싱 볼에 강력분, 유기농 호밀, 소금, 묵은 반죽, 호밀종, 물, 드라이이스트를 넣고 믹싱한다 (저속 3분, 중속 5분, 저속 2분).

전체공정

1. 반죽온도 21℃로 한다.
2. 실온 30℃에서 1차 발효 60분, 펀칭, 30분간 발효한다.
3. 분할 400g을 분할하여 타원형으로 성형 후 유기농 호밀가루를 전체적으로 묻힌다.
4. 2차 발효는 50분한다.
5. 2차 발효 후 쿠프하여 윗불 270℃, 아랫불 230°℃ 오븐에서 스팀 후 25분 굽는다.

Campagne III

스펀지

재료명	분량
강력분	200g
호밀가루	100g
포도액종	150cc
물	150cc
인스턴트 이스트	1g

제조공정

1. 전 재료를 볼에 넣고 균일하게 혼합하여
   2시간 발효 후 약 5℃ 냉장고에서 15시간
   정도 냉장 휴지시킨다.

본반죽

재료명	분량
강력분	600g
호밀가루	100g
사워종	200g
인스턴트 이스트	1g
물	±200cc
사과 액종	200cc
소금	22g
설탕	30g
버터	30g
블루베리	200g

제조공정

1. 스펀지 전량과 블루베리를 제외한 전 재료를
   믹싱볼에 넣고 약 3분간 저속으로 믹싱한다.
2. 중·고속 3~4분간 믹싱 후 글루텐 약 90%
   정도 형성되면 블루베리를 넣고 섞은 후
   꺼낸다.
3. 약 90분간 1차 발효하면서 2번 정도 펀치를
   준다.
4. 250g씩 가볍게 분할하여 말아 둔다.
5. 200g은 봉상형으로 말아 두고 50g은 긴 띠
   모양으로 밀어 펴서 한 쪽 면에 식용유를
   발라서 200g 반죽에 식용유 바른 쪽을
   일정한 간격을 두고 전체적으로 말아서 면포에
   팬닝한다.
6. 온도 32℃, 습도 80% 발효실에서 약 60분간
   2차 발효시킨다.
7. 윗불 230℃, 아랫불 210℃에서 스팀 분사 후
   약 25분간 굽는다.

블루베리 전처리

재료명	분량
건조블루베리	100g
물	15cc
적포도주	15cc

제조공정

1. 건조블루베리에 물을 넣어 물이 없어질 때까지
   끓인다.
2. 적포도주를 넣고 한 번 끓인다.

Pain au Levain

스펀지

재료명	분량
강력분	300g
전립분	30g
물	130cc
포도액종	200cc
인스턴트 이스트	1g

제조공정

1. 전 재료를 볼에 넣고 균일하게 혼합하여 2시간 발효 후 약 5℃ 냉장고에서 15시간 정도 냉장 휴지시킨다.

본반죽

재료명	분량
강력분	700g
화이트 사워종	200g
인스턴트 이스트	2g
물	±200cc
포도액종	150cc
소금	22g
설탕	25g
크랜베리	200g

제조공정

1. 스펀지 전량과 크랜베리를 제외한 전 재료를 믹싱볼에 넣고 약 3분간 저속으로 믹싱한다.
2. 중·고속 3~4분간 믹싱 후 글루텐 약 90% 정도 형성되면 크랜베리를 넣고 섞은 후 꺼낸다.
3. 약 90분간 1차 발효하면서 2번 정도 펀치를 준다.
4. 250g씩 가볍게 분할하여 말아둔다.
5. 원형 반느 틀에 호밀가루를 골고루 뿌리고 반죽을 가볍게 둥글리기 해서 넣는다.
6. 온도 32℃, 습도 80% 발효실에서 약 60분간 2차 발효시킨다.
7. 칼집(쿠프)을 +자로 넣은 후 윗불 230℃, 아랫불 210℃에서 스팀 분사 후 약 25분간 굽는다.

크랜베리 전처리

재료명	분량
건조 크랜베리	200g
물	40cc
적포도주	40cc

제조공정

1. 크랜베리에 물을 넣어 물이 없어질 때까지 끓인다.
2. 적포도주를 넣어 한 번 끓인다.

Leaven

반죽(폴리쉬)

재료명	분량
강력분	1,000g
소금	15g
생이스트	12g
물	580cc

제조공정(폴리쉬)

− 전 재료를 혼합 후 실온에서 3시간 발효한다.

본종

재료명	분량
강력분	560g
박력분	245g
생이스트	5g
소금	24g
묵은 반죽	245g
물	315cc

중종

재료명	분량
강력분	560g
샤워종	420g
생이스트	4g
몰트 분말	2g
물(30℃)	490cc

*중종

1. 폴리쉬와 중종을 혼합 후 냉장고(5℃)에서
   24시간 저온숙성한다.

*본종

2. 1번을 넣고 저속 2분, 고속 6분, 중속 2분 동안
   믹싱을 완료한다.
3. 1차 발효는 습도 70%, 건열 32℃,
   약 80분으로 한다.
4. 분할은 1,300g, 지름 30cm로 한다.
5. 반느 틀을 닦아 놓은 뒤 가루를 충분히 뿌린 후
   반죽을 둥글려서 팬닝한다.
6. 광목으로 덮어 실온에서 약 80분 정도
   발효한다.
7. 굽기는 쿠프를 하여 윗불 260℃, 아랫불
   230℃ 온도에 스팀을 주고 40분간 굽는다.

Seigle I

폴리쉬

재료명	분량
호밀	1,000g
생이스트	2g
몰트 엑기스	16g
물	900cc
비타민C	2g

본종

재료명	분량
강력분	430g
소금	40g
호밀사워종	700g
볼콘(호밀 함량 59%)	200g
생이스트	16g

제조공정

1. 전 재료를 혼합 믹싱 공기를 혼입시킨다.
2. 실온 1시간 냉장 12시간 숙성시킨다.

제조공정

1. 냉장 숙성된 폴리쉬 전체를 본종과 함께
   최종단계까지 믹싱한다.
2. 1차 발효는 60분을 진행한다.
3. 분할은 250g으로 한다.
4. 중간 발효 상온 30분한다.
5. 성형은 250g 반죽을 타원형으로 성형한
   뒤 한쪽 끝 50g 정도의 반죽을 길게 밀어 펴고
   다시 역방향으로 돌려서 반대쪽으로 늘려
   밑에 붙인다.
   한쪽은 볶은 현미를 갈아서 묻힌 후 2차
   발효를 한다.
6. 2차 발효는 90분한다.
7. 굽기는 윗불 240℃, 아랫불 200℃에 40분
   스팀 사용한다.

Seigle II

스펀지

재료명	분량
강력분	200g
호밀가루	200g
물	250cc
포도액종	150cc
인스턴트 이스트	1g

제조공정

1. 전 재료를 볼에 넣고 균일하게 혼합하여 2시간 발효 후 약 5℃ 냉장고에서 15시간 정도 냉장 휴지시킨다.

본반죽

재료명	분량
강력분	350g
호밀	250g
호밀 사워종	200g
인스턴트 이스트	2g
물	± 260cc
포도액종	130cc
소금	22g
전처리 무화과	200g

제조공정

1. 스펀지 전량과 무화과를 제외한 전 재료를 믹싱볼에 넣고 약 3분간 저속으로 믹싱한다.
2. 중·고속 3~4분간 믹싱 후 글루텐 약 90% 정도 형성되면 무화과를 넣고 섞은 후 꺼낸다.
3. 약 60분간 1차 발효하면서 1번 정도 펀치를 준다.
4. 50g씩 가볍게 분할하여 말아둔다.
5. 분할 반죽 1개를 원형으로 밀어 펴 가장자리에 식용유를 바르고 5개는 둥글리기 하여 가운데 홀이 생기도록 올려 밀어 편 반죽 가운데 부분을 잘라서 5개의 반죽에 붙여 면포에 팬닝한다.
6. 온도 30℃, 습도 80% 발효실에서 약 60분간 2차 발효시킨다.
7. 뒤집어서 팬닝하여 칼집(쿠프)을 가볍게 넣어 윗불 230℃, 아랫불 210℃ 에서 스팀 분사 후 약 25분간 굽는다.

무화과 전처리

재료명	분량
건조 무화과	1,000g
물	1,000cc
설탕	250g
럼	100cc

제조공정

1. 물, 설탕, 건조 무화과를 함께 넣어 약 20분간 뚜껑을 덮어 끓인다.
2. 물을 걸러 내고 럼 100g을 넣는다.

Raisin Bread

반죽

재료명	분량
강력분	700g
설탕	20g
소금	20g
쇼트닝	30g
물	420cc
이스트	20g
몰트	8cc
건포도종	650g
호두	300g
건포도	380g

제조공정

1. 믹서기에 강력분, 설탕, 물, 건포도종, 이스트를 넣고 믹싱한다(저속 3분).
2. 쇼트닝을 투입한 후 믹싱한다(저속 2분).
3. 소금을 넣고 믹싱한다(중속 4분, 저속 3분).
4. 건포도, 호두를 반죽에 섞은 후 최종단계까지 믹싱을 완료한다.

전체공정

1. 반죽온도 28℃, 온도 32℃, 습도 80%로 1차 발효한다(50분).
2. 분할은 400g, 벤치타임 40분으로 한다.
3. 타원형으로 성형한 후 2차 발효를 60분한다.
4. 2차 발효 후 쿠프하여 윗불 260℃, 아랫불 230℃에서 스팀 후 26분을 굽는다.

건포도종

1차

재료명	분량
물	1,000cc
건포도	500g
설탕	250g
몰트	10cc
건포도 액종	10cc

1. 소독한 유리병에 건포도, 설탕, 물, 몰트, 건포도 액종을 넣는다.
2. 소독한 젓가락으로 저어준 후 뚜껑을 닫아 실온에 보관한다.
4. 매일 한 번씩 흔들고, 한 번씩 뚜껑을 열어 공기가 닿도록 한다.
5. 3일째 되는 날 추출하여 2차분에 사용한다.

2차

재료명	분량
건포도 액	1,000cc
강력분	1,000g

1. 소독한 통에 밀가루와 건포도 액을 넣고 한 덩어리로 뭉친다.
2. 매끈하게 뭉쳐지면 통에 넣고 반죽이 마르지 않게 실온에서 12~15시간 동안 발효한다.

3차

재료명	분량
물	800cc
밀가루	1,000g

1. 2차 반죽에 밀가루와 물을 넣고 치대어 한 덩어리로 뭉친다.
2. 반죽이 마르지 않게 실온에서 12~15시간 동안 발효하여 냉장 보관 후 사용한다.

*묵은반죽

재료명	분량
강력분	2,000g
물	1,300cc
생이스트	20g
소금	30g
몰트	6cc

제조방법

전체 재료를 혼합하여 발전단계까지 믹싱한다. 믹싱한 다음 냉장 보관한 후 사용한다.

Pain aux Cereals

반죽

재료명	분량
강력분	1,200g
크라프트콘	800g
소금	3g
몰트	12g
생이스트	30g
물	1,200cc
묵은 반죽	200g

충전물

재료명	분량
구운해바라기씨	200g
구운호박씨	200g
구운호두	200g

묵은 반죽

재료명	분량
강력분	1,000g
소금	15g
물	580cc
생이스트	10g

-혼합하여 클린업 단계까지 믹싱한다.

제조공정

1. 재료를 혼합한 후 저속 2분, 고속 6분, 중속 2분 동안 믹싱하고 충전물을 투입한 후 중속으로 혼합하고 충전물을 넣어 가볍게 섞어 마무리한다.
2. 1차 발효는 습도 70%, 건열 32℃ 약 60분 펀치 후 30분 발효한다.
3. 분할 350g하여 럭비공 모양으로 성형한 후 팬닝한다.
4. 2차 발효는 습도 70%, 건열 32℃, 약 60분으로 한다.
5. 굽기는 윗면에 호밀을 뿌려 쿠프하여, 윗불 230℃, 아랫불 210℃에서 스팀 약 4초간 준 뒤 30여 분 굽는다.

Brown Bread

탕종

재료명	분량
통밀	750g
설탕	50g
소금	50g
물	750cc

제조공정

1. 믹싱볼에 통밀, 설탕, 소금을 넣어 믹싱
   (저속 2분) 후 물(80℃)을 넣어 섞는다.
2. 냉장고에서 12시간 숙성 후 사용한다.

본종

재료명	분량
탕종	400g
통밀	440g
설탕	38g
분유	18g
버터	30g
이스트	15g
물	300cc
묵은 반죽	200g

제조공정

믹싱볼에 탕종, 통밀, 설탕, 분유, 이스트, 물,
묵은 반죽을 넣어 60% 믹싱 후 버터를 투입하고
최종단계까지 믹싱한다.

묵은반죽

재료명	분량
강력분	1,000g
물	800cc
몰트	2cc
드라이이스트	2g

제조공정

1. 볼에 물, 몰트, 드라이 이스트를 넣고 거품기로
   섞는다.
2. 1번에 강력분을 넣어 주걱으로 젓는다.
3. 냉장고에서 12시간 발효 후 사용한다.

전체공정

1. 반죽온도 28℃로 한다.
2. 온도 30℃, 습도 80%, 1차 발효 40분으로
   한다.
3. 분할 350g, 벤치타임(30분), 성형 후 윗면에
   해바라기 씨를 묻힌다.
4. 식빵 틀에 넣어 2차 발효(50분)한다.
5. 굽기는 윗불 170℃, 아랫불 190℃에
   30분한다.

Red Bread

재료명	분량
강력분	500g
물	420cc
화이트사워종	900g
홍국가루	20g
원두커피	50cc

제조공정

1. 실내 온도에 상관없이 80℃의 뜨거운 물을 사용한다.
   전체 재료를 다 섞은 후 1단 5분, 2단 5분 믹싱하고 원두커피를 넣어 최종단계까지 믹싱한다.
2. 1차 발효는 60분으로 한다.
3. 분할은 400g으로 한다.
4. 중간발효는 20분으로 한다.
5. 둥글게 성형하여 표면에 호밀가루를 묻힌다.
6. 2차 발효는 50~60분으로 한다.
7. 이음매가 위로 오도록 해서 윗불 210℃, 아랫불 210℃ 스팀을 주고 40분 정도 굽는다.

Tip: 이스트를 사용하지 않고 화이트사워종을 많이 사용했기 때문에 2차 발효는 실온에서 면포를 사용해 충분한 시간을 가지고 발효한다.
(화이트사워종 제조방법 참고)

Savory

오토리즈

재료명	분량
강력분	1,200g
박력분	400g
물	1,500cc

본종

재료명	분량
강력분	700g
소금	36g
몰트	12g
생이스트	16g

제조공정

1. 강력분, 박력분 물을 믹싱하여 저속 5분
   믹싱 후 실온에서 5시간 휴지시킨다.

제조공정

1. 오토리즈와 본 반죽을 함께 믹싱 후 냉장
   10시간 숙성한다.
2. 실온에서 60분 휴지시킨다.
3. 분할 250g, 10g씩 여러 개 분할한다.
4. 중간발효 20분한다.
5. 성형은 양쪽을 밀어 편 후 칼을 이용해서
   각 3등분 후 3가닥 꼬기를 하여 리본모양으로
   접는다.
6. 2차 발효 실온에서 90분한다.
7. 굽기는 윗불 220℃, 아랫불 200℃에
   30~40분 스팀 사용한다.

Rice Cranberry

재료명	분량
강력분	391g
설탕	50g
소금	30g
분유	8g
이스트	8g
전란	62g
물	250cc
크랜베리	50g

제조공정

1. 크랜베리를 뺀 나머지 전 재료를 넣고 100% 믹싱한다.
2. 반죽온도는 26℃로 한다.
3. 1차 발효 40분 후 펀칭을 준 후 30분 발효한다.
4. 130g씩 분할한다.
5. 가볍게 손으로 밀어 편 후 20g의 롤치즈를 넣고 럭비공 모양으로 성형한다.
6. 2차 발효 40분 후 토핑을 바른다.
7. 실온에서 10분 정도 발효를 더한다.
8. 굽기: 아랫불 210℃, 윗불 220℃에서 스팀을 주고 20분간 굽는다.

충전물

재료명	분량
롤치즈	140g

토핑

재료명	분량
멥쌀	136g
강력	28g
설탕	25g
소금	2.5g
생이스트	3g
물	79cc
버터	49g
홍국 분말	4g

제조공정

1. 전 재료를 섞어서 발효실에서 30분 발효한다.
2. 거품기를 이용하여 섞는다.
3. 토핑할 때 되기를 보면서 물을 좀 더 충전할 수 있다.
4. 2차 발효 후 표면에 얇게 바른다.

Spinach Cranberry

폴리쉬 반죽

재료명	분량
강력분	650g
물	650cc
설탕	22g
생이스트	2.5g

제조공정

1. 물과 생이스트를 풀어준 뒤 밀가루를 섞는다.
2. 찬물 사용 시 실온에서 30분 정도 방치 후
   냉장고에서 15시간 저온숙성한다.
3. 부피가 3.5배~4배가 되도록 발효한다. 또는
   중앙 부분이 오므라드는 상태까지 발효한다.

Tip: 이스트의 양은 계절에 따라 또는 실내온도에
따라 조절을 하여 각자 생산 장소에 맞는 방법을
찾는 것을 권한다.

본반죽

재료명	분량
강력분	600g
중력분	400g
생이스트	25g
물	470cc
소금	38g
화이트사워종	450g

제조공정

1. 폴리쉬 반죽과 본반죽 배합을 전부 넣고
   반죽한다.
2. 반죽온도 24℃ 저속 2분, 중속 5분,
   중저속 4분으로 한다.
3. 마지막 단계에서 시금치를 넣고 섞은 다음
   나머지 충전물을 넣는다.
4. 1차 발효는 40분으로 한다.
5. 분할 200g씩 분할하여 원통형으로 성형 후
   1/3을 밀어 펴서 감싼다.
6. 2차 발효는 실온에서 40분으로 한다.
7. 굽기는 윗불 240℃, 아랫불 220℃에서
   스팀을 주고 18분으로 한다.

Tip: 화이트사워종을 많이 사용했기 때문에 1차
발효의 적절한 시간을 찾는다.
즉, 1차 발효가 다른 반죽에 비해 짧게 하는 것이
좋다.
(화이트사워종 제조방법 참고)

충전물

재료명	분량
시금치	300g
크랜베리	300g
롤치즈	300g
올리브오일	33cc

*전 재료를 넣고 살짝만 섞는다.

Bread

Blueberry Hill

반죽

재료명	분량
강력분	1000g
생이스트	30g
설탕	100g
소금	18g
버터	120g
우유	540cc
달걀	220g

제조공정

1. 전 재료를 혼합 후 저속 2분, 고속 6분, 중속 2분 믹싱한다.
2. 1차 발효는 습도 70%, 건열 32℃, 약 60분으로 한다.
3. 150g 분할 후 15분 휴지를 준다.

충전물

재료명	분량
IQF 블루베리	120 g
충전용 크림치즈	400

– 섞는다.

토핑물-머랭콩피

재료명	분량
흰자	140 g
설탕	300 g
박력	150 g

– 머랭을 만들어 박력분을 혼합한다.

제조공정

1. 150g짜리 분할 반죽을 밀어 펴서 충전 후 럭비공 모양으로 말아준다.
2. 2차 발효는 습도 70%, 건열 32℃, 약 60분으로 한다.
3. 2차 발효 후 칼집을 넣어주고 블루베리 리플잼을 토핑 후 머랭 콩피를 짠다.
4. 굽기는 윗불 190℃, 아랫불 170℃ 오븐에 약 20여 분으로 한다.

Scone Cranberry

반죽

재료명	분량
강력분	1,500g
옥수수 분말	1,200g
베이킹파우더	50g
설탕	450g
버터	900g
생크림	600ml
우유	600ml
소금	30g
달걀	660g
*충전물(크랜베리)	660g
계	6,650

제조공정

1. 전 재료를 혼합하여 가볍게 한 덩어리로
   섞는다.
2. 40cm×60cm 철판에 팬닝한 후 냉장
   숙성한다.
3. 12cm×12cm로 재단하한 후 반을 가른다.
4. 노른자를 칠하여 데크오븐 윗불 180℃,
   아랫불 150℃에 약 16분 정도 굽는다.

Cinnamon Roll

반죽

재료명	분량
강력분	800g
박력분	800g
생이스트	45g
소금	35g
설탕	150g
분유	48g
물	800cc
달걀	240g
충전용 버터	900g

제조공정

1. 전 재료를 혼합한 후 저속 2분, 고속 3분,
   중속 2분 믹싱한다.
2. 믹싱이 완료된 반죽을 사각으로 밀어 펴서
   냉동온도 -15℃에 약 2시간 보관한다.
3. 숙성된 반죽을 사각으로 밀어 펴서 유지를
   넣은 후 3절 2회 접은 후 약 2시간 냉동
   휴지시킨 후 다시 3절 1회 접고 냉동온도
   -15℃에서 한 시간 숙성한다.
4. 최종 3mm 밀어 편 후 40×100cm 재단 후
   충전 필링을 바른 뒤 말아준다.
5. 1.5.cm로 매끄럽게 재단하여 팬닝한다.
6. 2차 발효는 습도 70%, 건열 29℃로 약
   한 시간 한다.
7. 180℃ 컨벡션 오븐에서 13분간 굽는다.
8. 데니시를 구운 후 화이트 혼당을 돌려 짠다.

*충전 필링

재료명	분량
아몬드 분말	190g
달걀	100g
버터	100g
설탕	150g
계피	10g
계	550

제조공정

1. 버터를 부드럽게 풀어준 후 설탕을 넣어
   믹싱한다.
2. 달걀을 2~3회 나누어 넣으며 크림화한다.
3. 체 친 아몬드 분말과 계피를 넣어 잘 섞는다.

Tropical

반죽

재료명	분량
강력분	1,800g
인스턴트 이스트	36g
물	1,260cc
설탕	180g
몰트 엑기스	30cc

제조공정

1. 전 재료를 혼합 후 저속 2분, 고속 6분,
   중속 2분간 믹싱한다.
2. 1차 발효는 습도 70%, 건열 32℃,
   약 60분으로 한다.
3. 100g 분할 후 미리 제조해 놓은 크림을 70g
   포앙 후 기본 페이스트리 반죽으로 감싼다.
   (윗면에 붙이는 페이스트리 반죽을 두께
   1.5cm×5cm로 슬라이스하여 3장을 길게
   잘라 붙인다.)
4. 2차 발효는 습도 70%, 건열 32℃,
   약 60분으로 한다.
5. 굽기는 180℃ 로터리오븐 또는 컨벡션 오븐에
   20여 분으로 한다.

크림

재료명	분량
설탕	1,000g
생크림	300cc
버터	300g
물엿	250g
파인애플 캔	3캔
사과다이스	500g
크림파티세리	900g
우유	2,000ml

제조공정

1. 설탕, 생크림, 버터, 물엿을 115℃에 끓인다.
2. 파인애플과 사과 다이스는 물기를 제거한다.
3. 크림 파티세리와 우유를 혼합하여 30분 이상
   끓인 후 냉각시킨다.
4. 냉각된 캐러멜과 슈크림을 혼합 후
   냉장보관(3일 이상 쓰지 않는다)한다.

Fan

반죽

재료명	분량
강력분	800g
박력분	800g
생이스트	45g
소금	35g
설탕	150g
분유	48g
물	800cc
달걀	240g
충전용 버터	900g

제조공정

1. 전 재료를 혼합 후 저속 2분, 고속 3분,
   중속 2분 믹싱한다.
2. 믹싱이 완료된 반죽을 사각으로 밀어 펴서
   냉동온도 -15℃에 약 2시간 보관한다.
3. 숙성된 반죽을 사각으로 밀어 펴서 유지를
   넣은 후 3절 2회 접은 후 약 2시간 냉동
   휴지시킨 후 다시 3절 1회 접고 냉동온도
   -15℃에서 한 시간 숙성 후 재단한다.
   두께는 1.5cm로 밀어 편다.
4. 3을 3X15cm로 재단하여 팬닝한다.
5. 2차 발효는 습도 70% 건열 29℃로
   약 한 시간 발효한다.
6. 표면에 전란칠을 한 후 슬라이스 아몬드를
   골고루 뿌린다.
   굽기 온도 및 시간은 180℃ 로터리 오븐이나
   컨벡션 오븐에 20분 굽는다.
7. 윗면에 에프리코트 혼당을 얇게 바른다.

Fig Danish

반죽

재료명	분량
강력분	800g
박력분	800g
생이스트	45g
소금	35g
설탕	150g
분유	48g
물	800cc
달걀	240g
충전용 버터	900g
전처리무화과	150g

제조공정

1. 전 재료를 혼합한 후 저속 2분, 고속 3분, 중속 2분 정도 믹싱한다.
2. 믹싱이 완료된 반죽을 사각으로 밀어 펴서 냉동온도 -15℃에 약 2시간 보관한다.
3. 숙성된 반죽을 사각으로 밀어 펴서 유지를 넣은 후 3절 2회 접은 후 약 2시간 냉동 휴지시킨 후 다시 3절 1회 접고 냉동온도 -15℃에서 한 시간 보관한 후 재단한다.
4. 최종 5mm 밀어 편 반죽을 지름 10cm 원형 틀로 찍어 내어 두 장을 겹친다.
5. 달걀물을 바른 뒤 2차 발효를 한다.
6. 2차 발효 후 가운데 구멍을 낸 곳에 슈크림을 듬뿍 짜준 뒤 전 처리된 무화과를 올린다.
7. 180℃ 컨벡션 오븐에서 구운다.
8. 에프리코트 혼당으로 마무리한다.

Apple Danish

반죽

재료명	분량
강력분	800g
박력분	800g
생이스트	45g
소금	35g
설탕	150g
분유	48g
물	800cc
달걀	240g
충전용 버터	900g

제조공정

1. 전 재료를 혼합 후 저속 2분, 고속 3분, 중속 2분 동안 믹싱한다.
2. 믹싱이 완료된 반죽을 사각으로 밀어 펴서 냉동온도 -15℃에 약 2시간 보관한다.
3. 숙성된 반죽을 사각으로 밀어 펴서 유지를 넣은 후 3절 2회 접은 후 약 2시간 냉동 휴지시켜 다시 3절 1회 접고 냉동온도 -15℃에 한 시간 넣어 둔 후 재단한다.
4. 최종 3mm 두께로 밀어 편 반죽을 11cm×11cm로 재단한다.
5. 정사각형으로 성형한다.
6. 2차 발효가 되면 달걀물을 바른다.
7. 굽기는 로터리 오븐 200℃에 13분 구운 후 사과 다이스를 올린 뒤 에프리코트 혼당으로 마무리한다.

Pecan Danish

반죽

재료명	분량
강력분	800g
박력분	800g
생이스트	45g
소금	35g
설탕	150g
분유	48g
물	800cc
달걀	240g
속버터	900g

충전 필링

재료명	분량
아몬드 분말	190g
달걀	100g
버터	100g
설탕	150g
피칸 분태	60g

–전체 재료를 혼합하여 아몬드 크림을 만든 후
 피칸 분태를 섞는다.

제조공정

1. 전 재료를 혼합한 후 저속 2분, 고속 3분,
   중속 2분 믹싱한다.
2. 믹싱이 완료된 반죽을 사각으로 밀어 펴서
   냉동 보관한다.
3. 숙성된 반죽을 사각으로 밀어 펴서 유지를
   넣은 후 3절 2회 접은 후 약 2시간 냉동
   휴지시킨 후 다시 3절 1회 접고 냉동온도
   -15℃에서 한 시간 숙성 후 재단한다.
4. 최종 5mm 밀어 편 반죽을 10cm×15cm로
   재단한다.
5. 양옆을 3번씩 칼집을 넣어 충전 필링을
   채운 후 꼬아서 마무리 한다.
6. 2차 발효가 되면 달걀물을 바른 후 피칸을
   뿌려 굽는다.
7. 굽기는 로터리 오븐 200℃에 13분으로
   한다.
8. 에프리코트 혼당과 화이트 혼당으로
   마무리한다.

Apricot Danish

반죽

재료명	분량
강력분	800g
박력분	800g
생이스트	45g
소금	35g
설탕	150g
분유	48g
물	800cc
달걀	240g
충전용 버터	900g
살구 캔	320g

제조공정

1. 전 재료를 혼합한 후 저속 2분, 고속 3분, 중속 2분 정도 믹싱한다.
2. 믹싱이 완료된 반죽을 사각으로 밀어 펴서 냉동온도 -15℃에 약 2시간 보관한다.
3. 숙성된 반죽을 사각으로 밀어 펴서 유지를 넣은 후 3절 2회 접은 후 약 2시간 냉동 휴지시킨 후 다시 3절 1회 접고 냉동온도 -15℃에서 한 시간 보관 후 재단한다.
4. 최종 3mm 밀어 편 반죽을 11cm×11cm로 재단한다.
5. 슈크림을 충전 후 살구를 올려 포켓 모양으로 성형한다.
6. 180℃ 컨벡션 오븐에서 굽는다.
7. 에프리코트 혼당으로 마무리한다.

Pain au Chocolat

반죽

재료명	분량
강력분	2,000g
소금	48g
설탕	200g
생이스트	90g
물	1,200cc
*속버터	900g
초콜릿 스틱	280g

제조공정

1. 전 재료를 혼합 후 저속 2분, 고속 3분, 중속 2분 정도 믹싱한다.
2. 믹싱이 완료된 반죽을 사각으로 밀어 펴서 냉동온도 -15℃에 약 2시간 보관한다.
3. 숙성된 반죽을 사각으로 밀어 펴서 유지를 넣은 후 3절 2회 접은 후 약 2시간 냉동 휴지시킨 후 다시 3절 1회 접고 냉동온도 -15℃에서 한 시간 넣어두어 숙성한다.
4. 최종 3mm 밀어 편 반죽을 11cm×11cm로 재단한다.
5. 가운데 초코스틱 2개씩을 넣은 후 말아준다.
6. 2차 발효가 되면 달걀물을 칠하고 슬라이스 아몬드를 뿌려 200℃ 로터리 오븐에서 13분간 굽는다.

Croissant

반죽

재료명	분량
강력분	2,000g
소금	48g
설탕	200g
생이스트	90g
물	600cc
우유	600ml
*속버터	900g

제조공정

1. 전 재료를 혼합 후 저속 2분, 고속 3분, 중속 2분 믹싱한다.
2. 믹싱이 완료된 반죽을 사각으로 밀어 펴서 냉동온도 -15℃에 약 2시간 보관한다.
3. 숙성된 반죽을 사각으로 밀어 펴서 유지를 넣은 후 3절 2회 접은 후 약 2시간 냉동에서 휴지시켜 준다.
4. 3을 다시 3절 1회 접은 후 냉동온도 -15℃에서 한 시간 넣어둔 후 꺼내서 14cmX22cm, 두께 0.3cm로 재단한다.
5. 재단한 것을 초승달 모양으로 성형한다.
6. 2차 발효는 습도 70%, 건열 29℃로 약 한 시간한다.
7. 달걀물을 골고루 바른 뒤 200℃ 로터리 오븐이나 컨벡션 오븐에서 14분간 굽는다.

Leaf Ciabatta

폴리쉬

재료명	분량
강력분	216g
물	216cc
몰트	1cc
이스트	2g

제조공정(폴리쉬)

1. 강력, 물, 몰트, 이스트 전 재료를 넣고
   섞는다(24℃).
2. 실온에서 30분 정도 방치 후 냉장고에서
   12시간 발효시킨다.
   부피로 크기를 가늠할 때는 3.5배 정도
   부풀린다. 또는 중앙 부분이 오므라드는
   상태를 말한다.

본반죽

재료명	분량
강력분	690g
이스트	36g
물	503cc
벌꿀	43g
소금	216g
올리브오일	43ml
르방	200g
깻잎	30g
체다다이스	200g

제조공정

1. 깻잎과 체다다이스를 뺀 나머지 재료와
   폴리쉬 반죽을 넣고 믹싱한다.
2. 마지막 단계(최종단계)에서 깻잎과
   체다다이스를 넣고 마무리한다.
   믹싱은 저속 3분, 중속 5분, 중저속
   3분으로 한다.
3. 반죽온도 26℃ 실온에서 60분
   발효(2/3시점에서 펀칭을 준다.)
4. 재단은 60cmX40cm 철판에 팬닝 후
   16개 수량으로 만든다.
   1개 재단은 가로 12.5cmX세로 7.5cm으로
   한다.
* 철판에 면포를 깔고 덧가루를 충분히 뿌린
   후 반죽을 놓고 손으로 2~3번 정도 두드린 후
   휴지의 시간을 두고 밀어 편다.
* 면포를 테이블에 옮긴 다음 손으로 약간
   두드려서 모양을 완성한다.
5. 재단 후 실온에서 10분 정도 발효시킨다.
6. 윗불 230℃, 아랫불 220℃에서 스팀을
   주고 16분간 굽는다.

Ciabatta

스펀지

재료명	분량
강력분	300g
물	100cc
포도액종	90cc
생이스트	10g

제조공정

1. 전 재료를 믹싱볼에 넣고 약 4분간
   저·중속으로 믹싱한 후 약 1시간 발효시킨다.

본반죽

재료명	분량
강력분	500g
중력분	200g
소금	20g
생이스트	5g
물	± 500cc
올리브오일	50cc
화이트 사워종	200g
묵은 반죽	150g

제조공정

1. 스펀지 전량과 올리브오일을 제외한 전
   재료를 믹싱볼에 넣고 약 3분간 저속으로
   믹싱한 후 클린업 단계에서 올리브오일을 넣고
   최종단계까지 믹싱한다.
2. 약 90분간 1차 발효하면서 1번 정도 펀치를
   준다.
3. 덧가루를 뿌려 놓은 작업대에서 가볍게
   터치하여 직사각형으로 만들어 놓고 폭 5cm
   길이 17cm로 재단하여 광목(두꺼운 천)에
   팬닝한다.
4. 온도 30℃, 습도 80% 발효실에서 약 40분간
   2차 발효시킨다 .
5. 뒤집어서 실팻에 팬닝 후 가운데 부분에
   쿠프하여 윗불 230℃, 아랫불 210℃에서
   스팀분사 후 약 15분간 굽는다.

Petite Roll

스펀지

재료명	분량
강력분	300g
물	300cc
인스턴트 이스트	1g

제조공정

1. 전 재료를 믹싱볼에 넣고 약 4분간
   저·중속으로 믹싱한 후 약 15시간 냉장
   숙성시킨다.

본반죽

재료명	분량
강력분	700g
소금	20g
인스턴트 이스트	3g
물	± 400cc
몰트	5cc
화이트 사워종	200g

제조공정

1. 스펀지 전량과 전 재료를 믹싱볼에 넣고
   약 3분간 저속으로 믹싱한 후 최종단계까지
   믹싱한다.
2. 약 60분간 1차 발효하면서 1~2번 정도
   펀치를 준다.
3. 60g으로 분할하여 약 25분간 휴지시킨다.
4. 60g 반죽을 48g 12g로 다시 분할하여
   둥글리기 하여 살짝 밀어 편 다음 12g 반죽
   가장자리에 식용유를 바르고 젓가락을
   이용하여 십자로 눌러서 광목(두꺼운 천)에
   팬닝한다.
5. 온도 30℃, 습도 80% 발효실에서 약 60분간
   2차 발효시킨다.
6. 나무에 뒤집어서 팬닝 후 칼집(쿠프)을 넣는다.
7. 윗불 230℃, 아랫불 210℃에서 스팀 분사 후
   약 25분간 굽는다.

Melon Bread

스펀지

재료명	분량
강력분	300g
생이스트	8g
물	140cc
버터	30g
설탕	20g

제조공정

1. 전 재료를 믹싱볼에 넣어 약 4분간 저·중속으로 믹싱한다.
2. 약 두 배 정도 되도록 1시간 정도 테이블 발효시킨다.

본반죽

재료명	분량
강력분	500g
중력분	200g
우유	200ml
생이스트	20g
소금	18g
설탕	170g
버터	130g
달걀	4EA
넛메그	3g
화이트 사워종	150g
멜론 내추럴	15g

충전 크림(멜론 커스타드 크림)

재료명	분량	%
우유	1,000ml	100
바닐라빈	2EA	
설탕	200g	20
노른자	8EA	14.4
박력분	90g	9
버터	50g	5
멜론시럽	30g	6

제조공정

1. 우유, 설탕 30g 바닐라빈을 끓인다.
2. 노른자, 나머지 설탕 체 친 박력분에 1을 조금씩 혼합 후 약간 되직해질 때까지 끓인다.
3. 멜론시럽, 버터를 넣어 잘 혼합하여 식힌다.

토핑

재료명	분량
버터	125g
설탕	300g
달걀	125g
물	40cc
멜론 내추럴	5g
박력분	500g
B.P	2g

제조공정

1. 스펀지와 버터를 제외한 모든 재료를 넣고 저·중속으로 클린업 단계까지 믹싱한 후 버터를 나누어 넣고 최종단계까지 믹싱을 완료한다.
2. 실온에서 약 40분간 테이블 발효시킨다.
3. 45g씩 분할하여 20분간 휴지시킨다.
4. 멜론 커스타드 크림 30g을 포앙한 후 물을 뿌리고 비스킷을 씌워서 설탕을 묻히고 스패츌러를 이용하여 격자 무늬를 낸다
5. 30℃, 80% 약 70분간 2차 발효시킨다.
6. 윗불 190℃, 아랫불 170℃에서 약 12분간 굽는다.

Bread

Olive Bread

반죽

재료명	분량
강력분	1,105g
설탕	40g
소금	27g
물	810cc
생 이스트	40g
묵은 반죽	135g
올리브유	135cc
블랙올리브	200g

전체공정

1. 반죽온도는 28℃로 한다.
2. 온도 32℃, 습도 80%, 1차 발효는 40분으로 한다.
3. 분할은 60g, 벤치타임 30분으로 한다.
4. 성형은 2차 발효 40분으로 한다.
5. 굽기는 윗불 150℃, 아랫불 150℃에 20분으로 굽는다.

제조공정

1. 강력분, 설탕, 소금, 물, 생 이스트, 묵은 반죽, 블랙올리브를 넣고 믹싱한다
   (저속 2분, 고속 4분, 저속 3분).
2. 올리브유를 3회에 나누어 투입한 후 최종단계까지 믹싱한다.

Garlic Baguette

반죽

재료명	분량
강력분	1,000g
소금	19g
드라이이스트	15g
버터	30g
설탕	30g
물	620cc

제조공정

1. 전 재료를 혼합 후 저속 2분, 고속 3분, 중속 2분 동안 믹싱한다.
2. 1차 발효는 습도 70%, 건열 32℃, 약 60분으로 한다.
3. 분할은 150g 후 스틱 모양으로 성형한다.
4. 2차 발효는 습도 70%, 건열 32℃, 약 60분으로 한다.
5. 굽기는 로터리 오븐 200℃에 20분 동안 굽는다.

마늘소스

재료명	분량
버터	1,000g
설탕	700g
마요네즈	750g
연유	360g
마늘소스	250g
생크림	500ml
우유	750ml
황란	120g
건조파슬리	40g

제조공정

1. 버터를 제외한 전 재료를 넣고 혼합 후, 녹인 버터를 차례로 혼합한다.
2. 그림과 같이 커팅한 바게트를 소스에 적신다.
3. 오븐 온도는 로터리 180℃에 10분간 굽는다.

Chocolat Viennoise

스펀지

재료명	분량
강력분	200g
인스턴트 이스트	12g
물	140cc
설탕	30 g

제조공정

1. 전 재료를 믹싱볼에 넣어 약 4분간
   저·중속으로 믹싱한다.
2. 약 두 배 정도 되도록 1시간 정도 테이블
   발효시킨다.

본반죽

재료명	분량
강력분	800g
소금	20g
설탕	100g
버터	150g
달걀	100g
우유	400ml
요구르트 분말	80g
코코아 파우더	20g
화이트 사워종	150g
초콜릿칩	150g
호두 분태	150g
건포도	150g

제조공정

1. 스펀지에 건과류, 견과류, 버터를 제외한 모든
   재료를 넣고 저·중속으로 클린업 단계까지
   믹싱 한 후 버터를 나누어 넣고 건·견과류를
   투입하여 최종단계까지 믹싱한다.
2. 실온에서 약 1시간 테이블 발효시킨다.
3. 250g씩 분할하여 30분간 휴지시킨다.
4. 200g은 원형으로 성형하고 50g은 따로
   만들어서 올려 면포에 2차 발효시킨다.
5. 2차 발효 후 칼집(쿠프)을 넣는다.
6. 데크오븐에 윗불 210℃, 아랫불 190℃에서
   약 25분간 굽는다.

Whole Brown Bread

스펀지

재료명	분량
강력분	300g
인스턴트 이스트	6g
물	210cc
설탕	30g
몰트 엑기스	5cc

제조공정

1. 전 재료를 믹싱볼에 넣어 약 4분간
   저·중속으로 믹싱한다.
2. 약 두 배 정도 되도록 1시간 정도 테이블
   발효시킨다.

본반죽

재료명	분량
강력분	500g
통밀가루	200g
소금	20g
인스턴트 이스트	6g
설탕	50g
버터	70g
달걀	100g
화이트 사워종	200g
다크초콜릿(녹인 것)	50g
물	200cc
호두 분태	150g
건포도	150g
포도액종	250cc

제조공정

1. 스펀지에 건과류, 견과류, 버터를 제외한
   모든 재료를 넣고 저·중속으로 클린업
   단계까지 믹싱한 후 버터를 나누어 넣고
   최종단계까지 믹싱한 다음 건포도, 호두를
   섞은 후 반죽을 완료한다.
2. 실온에서 약 1시간 테이블 발효시킨다.
3. 250g씩 분할하여 30분간 휴지시킨다.
4. 타원형으로 성형한 후 일부 떼낸 반죽을 얇게
   밀어 올리고 면포에 팬닝하여 2차 발효시킨다.
5. 2차 발효 후 칼집을 넣는다.
6. 대리석 돌 오븐에 윗불 230℃, 아랫불
   210℃에서 약 25분간 굽는다.

Stollen

스펀지

재료명	분량
강력분	300g
생이스트	60g
우유	130ml
노른자	100g

제조공정

1. 전 재료를 믹싱볼에 넣어 약 4분간
   저·중속으로 믹싱한다.
2. 약 두 배 정도 되도록 1시간 정도 테이블
   발효시킨다.

본반죽

재료명	분량
강력분	500g
중력분	400g
소금	20g
설탕	180g
버터	450g
우유	540ml
넛메그	3g
건포도	400g
오렌지필	200g
크랜베리	150g
마카다미아(7호)	150g

마지팬반죽

재료명	분량
아몬드 분말	300g
분당	300g
따듯한 물(40℃)	60cc

제조공정

1. 아몬드 분말, 분당을 체 친다.
2. 따뜻한 물을 넣어 믹싱하여 되기를 맞춘다.

제조공정

1. 스펀지에 건과류, 견과류, 버터를 제외한
   모든 재료를 넣고 저·중속으로 클린업
   단계까지 믹싱한 후 버터를 나누어 넣고
   최종단계까지 믹싱하고 건과류, 견과류를 넣어
   믹싱을 완료한다.
2. 실온에서 약 1시간 테이블 발효시킨다.
3. 150g씩 분할하여 20분간 휴지시킨다.
4. 길게 밀어 편 다음 마지팬을 넣어 3개의 산
   모양으로 성형 후 달걀물을 바르고 우박
   설탕을 묻힌다.
5. 온도 32℃, 습도 85% 발효실에서 약 40분간
   2차 발효시킨다.
6. 윗불 200℃, 아랫불 170℃에서 약 18분간
   굽는다.
7. 굽기 후 바로 녹인 버터를 2번 충분히 발라
   식힌 다음 분당을 충분히 뿌린다.

건포도 전처리

재료명	분량
건포도	1,000g
물	1,000cc
적포도주	200cc

제조공정

1. 물을 끓인 후 건포도를 넣어 약 30분간
   담근다.
2. 물을 체에 걸러 내고 적포도주를 넣어 잘
   혼합한다.

Walnut Brioche

중종

재료명	분량
강력분	1,000g
물	600cc
이스트	15g
묵은 반죽	200g

제조공정

믹싱기에 강력분, 물, 이스트, 묵은 반죽을 넣고
60% 믹싱 후 버터를 투입하고 최종단계까지
믹싱한다.

본종

재료명	분량
강력분	1,000g
설탕	400g
소금	20g
버터	600g
우유	380ml
이스트	30g
전란	6EA
황란	150g
묵은 반죽	280g

제조공정

1. 믹싱기에 강력분, 설탕, 소금, 우유, 이스트,
   전란, 황란, 묵은 반죽을 넣고 믹싱한다(저속
   3분, 중속 5분, 저속 2분).
2. 버터를 3회 나누어 투입하며 믹싱한다.

토핑

재료명	분량
흰자	750g
설탕	1,000g
아몬드 분말	430g
호두	700g

제조공정

1. 흰자, 설탕, 아몬드 분말, 호두를 섞는다.
2. 냉장 보관 후 사용한다.

충전용 아몬드 크림

재료명	분량
아몬드 분말	120g
설탕	100g
전란	100g
버터	100g

제조공정

1. 설탕, 버터를 믹싱기(비터)를 사용하여
   부드러운 크림을 올려준다.
2. 달걀을 3회에 나누어 투입한다.
3. 체 친 아몬드 분말을 넣고 섞는다.
4. 냉장 보관 후 사용한다.

제조공정

1. 본 반죽을 냉장온도 3°C에서 12시간 숙성
   발효한다.
2. 분할 1,200g을 40cmX50cm 크기로 밀어
   펴서 아몬드 크림을 바른 후 봉처럼 말아준다.
3. 위 반죽을 5cm씩 잘라 미니 케익 틀에 넣는다.
4. 2차 발효 60분 후 토핑물을 표면에 바른 후
   컨벡션 오븐에서 160°C, 25분 굽는다.

Brioche Orange

스펀지

재료명	분량
강력분	700g
노른자	300g
설탕	60g
버터	60g
물	300cc
화이트 사워종	300g

제조공정

1. 전 재료를 믹싱볼에 넣고 저속 4분, 중속 6분간 믹싱한 후 약 5시간 발효시킨다.

본반죽

재료명	분량
강력분	300g
소금	15g
생이스트	10g
설탕	350g
탈지분유	40g
버터	350g
물	160cc
오렌지필	550g

마카로나주 토핑크림

재료명	분량
흰자	100g
설탕	79g
아몬드 분말	62g
분당	적당량

제조공정

흰자, 설탕을 약70% 휘핑한 뒤 아몬드 분말을 혼합한다

제조공정

1. 스펀지 전량과 버터, 오렌지필을 제외한 전 재료를 믹싱볼에 넣고 약 3분간 저속으로 믹싱한 후 클린업 단계에서 버터를 나누어 넣고 최종단계까지 믹싱한다.
2. 약 90분간 1차 발효하면서 1번 정도 펀치를 준다.
3. 380g으로 분할하여 틀에 팬닝한다.
4. 온도 30℃, 습도 80% 발효실에서 약 120분간 2차 발효시킨다.
5. 마카로나주를 짠 후 분당을 뿌린다.
6. 윗불 190℃, 아랫불 170℃에서 약 25~30분간 굽는다.

Mont-Blanc

본반죽

재료명	분량
강력분	800g
박력분	200g
소금	18g
물	± 400cc
생이스트	40g
몰트	5cc
설탕	80g
버터	100g
달걀	180g
화이트 사워종	150g
충전용 버터	500g

설탕시럽

재료명	분량
설탕	700g
물	500cc
럼	200cc

제조공정

1. 충전용 버터를 제외한 모든 재료를 믹싱볼에 넣고 발전단계까지 믹싱한다.
2. 약 30분간 1차 발효시킨 후 비닐 커버를 씌워 5시간 정도 냉동 → 냉장 보관한다.
3. 충전용 버터를 넣고 3절 접기 3회를 실시하여 최종 두께 3mm로 맞추고 세로 4.5cmX가로 70cm로 재단하여 가운데 홀이 생기도록 말아서 1호팬에 팬닝한다.
4. 온도 32℃, 습도 80% 발효실에서 약 60분간 2차 발효시킨다.
5. 굽기 전 달걀물을 칠한 후 윗불 200℃, 아랫불 190℃에서 약 25분간 굽는다.
6. 굽기 후 시럽에 2번 담그고 과일, 초콜릿으로 장식하여 마무리한다.

Danish Pastry

본반죽

재료명	분량
강력분	500g
박력분	500g
소금	20g
물	±450cc
생이스트	40g
몰트	5cc
설탕	100g
탈지분유	20g
버터	50g
달걀	2EA
화이트 사워종	150g
충전용버터	500g

제조공정

1. 충전용버터를 제외한 모든 재료를 믹싱볼에 넣고 발전단계까지 믹싱한다.
2. 약 30분간 1차 발효시킨 후 비닐커버를 씌워 5시간 정도 냉동 → 냉장 보관한다.
3. 충전용 버터를 넣고 3절 접기 3회를 실시하여 최종 두께 3mm로 맞추고 원하는 모양으로 재단한다.
4. 온도 32℃, 습도 80% 발효실에서 약 60분간 2차 발효시킨다.
5. 굽기 전 달걀물을 칠한 후 안쪽에 패션 커스타드 크림을 짠다.
6. 윗불 200℃, 아랫불 210℃에서 약 15분간 굽는다.
7. 굽기 후 식혀서 윗면에 초콜릿을 코팅한 후 바르고 가운데 패션커스타드 크림을 짠 다음 각종 과일과 초콜릿 장식을 올려 마무리한다.

패션 커스타드크림

재료명	분량	%
우유	850ml	85
바닐라빈	2EA	
설탕	200g	20
노른자	8EA	14.4
박력분	90g	8
버터	50g	5
패션퓌레	150g	15

제조공정

1. 우유, 설탕 30g 바닐라빈을 끓인다.
2. 노른자, 패션 퓌레와 나머지 설탕, 체 친 박력분에 1을 조금씩 혼합 후 약간 되직해질 때까지 끓인다.
3. 버터를 넣어 잘 혼합하여 식힌다.

Baguette

스펀지

재료명	분량
강력분	300g
물	300cc
인스턴트 이스트	1g

제조공정

1. 전 재료를 믹싱볼에 넣고 약 4분간
   저·중속으로 믹싱한 후 약 15시간 냉장
   숙성시킨다.

본반죽

재료명	분량
강력분	700g
소금	20g
인스턴트 이스트	3g
물	± 400cc
몰트	5cc
화이트 사워종	200g
묵은 반죽	200g

제조공정

1. 스펀지 전량과 전 재료를 믹싱볼에 넣고
   약 3분간 저속으로 믹싱한 후 최종단계까지
   믹싱한다.
2. 약 60분간 1차 발효하면서 1~2번 정도
   펀치를 준다.
3. 330g으로 분할하여 약 25분간 휴지시킨다.
4. 60cm 정도 바게트 모양으로 만든 다음
   광목(두꺼운 천)에 팬닝한다 .
5. 온도 30℃, 습도 80% 발효실에서 약 60분간
   2차 발효시킨다.
6. 칼집(쿠프)을 5번 넣어 윗불 230℃, 아랫불
   210℃에서 스팀 분사 후 약 25분간 굽는다.

Fougasse I

본반죽

재료명	분량
강력분	800g
박력분	200g
소금	20g
물	±520cc
생이스트	20g
몰트	5cc
설탕	30g
화이트 사워종	200g
올리브오일	50cc
바질 잎	10g

제조공정

1. 올리브오일을 제외한 모든 재료를 믹싱볼에 넣고 클린업단계까지 믹싱한다.
2. 올리브오일을 넣어 최종단계까지 믹싱한다.
3. 약 1시간 정도 1차 발효시킨 후 250g씩 분할하여 20분간 휴지시킨다.
4. 손으로 눌러 편 후 삼각형 모양으로 만들면서 가스를 뺀 다음 잠시 휴지시켜 롤러커터를 이용하여 7군데 쿠프하여 간격을 넓힌다.
5. 32℃, 85% 약 60분간 2차 발효시킨 다음 올리브유, 굵은소금, 바질을 뿌린다.
6. 윗불 230℃, 아랫불 210℃에서 약 15분간 굽는다.

Fougasse II

본 반죽

재료명	분량
강력분	900g
중력분	100g
몰트 엑기스	10g
물	680cc
소금	20g

스펀지

재료명	분량
강력분	2,000g
물	1,300cc
생이스트	20g
소금	30g
몰트	6cc

제조공정

1. 전 재료를 혼합 믹싱한다.
2. 1차 발효는 60분한다.
3. 분할 300g한다.
4. 바게트 모양으로 길게 60cm 길게 성형하고
   2차 발효 후 사선으로 3등분 한 다음 가위로
   역 재단 후 쿠프한다.
5. 2차 발효는 60분한다.
6. 굽기는 윗불 240℃, 아랫불 200℃에 40분
   스팀 사용한다.

제조방법

전체 재료를 혼합하여 발전단계까지 믹싱한다.
믹싱하여 냉장 저온숙성한다.

Epi

스펀지

재료명	분량
강력분	400g
물	400cc
인스턴트 이스트	1g

제조공정

1. 전 재료를 믹싱볼에 넣고 약 4분간
   저·중속으로 믹싱한 후 약 15시간 냉장
   숙성시킨다.

본반죽

재료명	분량
강력분	600g
소금	20g
인스턴트 이스트	2g
물	± 400cc
몰트	5cc
화이트 사워종	200g
비가(묵은 반죽)	100g

제조공정

1. 스펀지 전량과 전 재료를 믹싱볼에 넣고
   약 3분간 저속으로 믹싱한 후 최종단계까지
   믹싱한다.
2. 약 60분간 1차 발효하면서 1~2번 정도
   펀치를 준다.
3. 330g으로 분할하여 약 25분간 휴지시킨다.
4. 60cm 정도 바게트 모양으로 성형한 다음
   광목(두꺼운 천)에 팬닝한다.
5. 80% 발효 후 실리콘 페이퍼에 팬닝한 다음
   가위를 이용하여 지그재그로 에삐 모양으로
   성형한다.
6. 온도 30℃, 습도 80% 발효실에서 약 60분간
   2차 발효시킨다.
7. 윗불 230℃, 아랫불 210℃에서 스팀 분사 후
   약 25분간 굽는다.

Tresses

본반죽

재료명	분량
강력분	1,000g
물	±300cc
우유	250ml
달걀	150g
소금	20g
설탕	120g
생이스트	40g
버터	150g
묵은 반죽	200g

제조공정

1. 버터를 제외한 모든 재료를 믹싱볼에 넣고 클린업 단계까지 믹싱한다.
2. 버터를 나누어서 투입 후 최종단계까지 믹싱한다.
3. 약 40분간 1차 발효하면서 1번 정도 펀치를 준다.
4. 30g씩 가볍게 분할하여 약 30분간 냉장 휴지시킨다.
5. 5가닥으로 성형하여 팬닝한 후 달걀물을 바른다.
6. 온도 32℃, 습도 85% 발효실에서 약 60분간 2차 발효시킨다.
7. 윗불 200℃, 아랫불 170℃에서 약 18분간 굽는다.
8. 굽기 후 달걀물을 한 번 더 바른다.

Macaron

Macaron Cafe

마카롱 카페

재료명	비율	분량
아몬드 분말	100%	266g
슈가 파우더	100%	266g
달걀흰자A	35%	93g
달걀흰자B	38%	100g
설탕	75%	200g
물	29%	77cc
커피 엑기스		적당량

제조공정

1. 아몬드 분말, 슈가 파우더를 3번 정도 체 친다.
2. 1에 달걀흰자A를 넣어 파트를 만든다.
3. 설탕, 물을 117℃~118℃까지 끓인다.
4. 달걀흰자B를 올리며 3을 넣어 이탈리안 머랭을 만든다.
5. 이탈리안 머랭을 40℃~45℃까지 낮추고 파트에 2~3회 나누어 반죽한 후 커피 엑기스를 투입한다.
6. 지름 1cm 둥근 깍지를 짤주머니에 넣어 반죽을 담아 실리콘 페이퍼 철판에 지름 2.5~3cm 크기로 짠다.
7. 1시간 정도 말린 후 125℃~130℃/130℃ 오븐에 8분 정도 굽는다.
8. 프릴이 생기면 팬을 돌려 약 8분간 더 굽는다.

카페 가나쉬

재료명	분량
생크림	200ml
화이트초콜릿	200g
커피 엑기스	26cc
깔루아	5cc
버터	120g

제조공정

1. 생크림, 커피 엑기스를 데운 후 화이트초콜릿에 넣고 가나슈를 만든다.
2. 포머드 상태 버터를 넣고 깔루아를 넣고 유화한다.

Macaron
Black Sesame

마카롱 흑임자

재료명	비율	분량
아몬드 분말	100%	266g
슈가 파우더	100%	266g
달걀흰자A	35%	93g
달걀흰자B	38%	100g
설탕	75%	200g
물	29%	77cc
코코아	2.6g	7g

제조공정

1. 아몬드 분말, 슈가 파우더, 코코아 파우더를 3번 정도 체 친다.
2. 1에 달걀흰자A를 넣어 파트를 만든다.
3. 설탕, 물을 117℃~118℃까지 끓인다.
4. 달걀흰자B를 올리며 3을 넣어 이탈리안 머랭을 만든다.
5. 이탈리안 머랭을 40℃~45℃까지 낮추고 파트에 2~3회 나누어 반죽한다.
6. 지름 1cm 둥근 깍지를 짤주머니에 넣어 반죽을 담아 실리콘 페이퍼 철판에 지름 2.5~3cm 크기로 짠다.
7. 1시간 정도 말린 후 125℃~130℃/130℃ 오븐에 8분 정도 굽는다.
8. 프릴이 생기면 팬을 돌려 약 8분간 더 굽는다.

흑임자 크림

재료명	분량
검은깨	100g
흑임자 페이스트	100g
버터	300g

제조공정

1. 검은깨를 으깬다.
2. 버터를 부드럽게 풀고 흑임자 페이스트, 갈아 놓은 검은깨를 넣어 잘 섞는다.

Macaron Yogurt

마카롱 요거트

재료명	비율	분량
아몬드 분말	100%	266g
슈가 파우더	100%	266g
달걀흰자A	35%	93g
달걀흰자B	38%	100g
설탕B	75%	200g
물	29%	77cc
파란색 색소, 노란색 색소		소량

제조공정

1. 아몬드 분말, 슈가 파우더를 3번 정도 체 친다.
2. 1에 달걀흰자A를 넣어 파트를 만든다.
3. 설탕, 물을 117℃~118℃까지 끓인다.
4. 달걀흰자B를 올리며 3을 넣어 이탈리안 머랭을 만든다.
5. 이탈리안 머랭을 40℃~45℃까지 낮추고 파트에 2~3회 나누어 반죽한 후 위 반죽을 절반으로 나누어 절반은 파란색 색소를, 나머지 절반은 노란색 색소를 투입한다.
6. 지름 1cm 둥근 깍지를 짤주머니에 넣어 반죽을 담아 실리콘 페이퍼 철판에 지름 2.5~3cm 크기로 짠다.
7. 1시간 정도 말린 후 125℃~130℃/130℃ 오븐에 8분 정도 굽는다.
8. 프릴이 생기면 팬을 돌려 약 8분간 더 굽는다.

요거트 크림

재료명	분량
생크림	900cc
요거트 분말	600g

제조공정

1. 생크림과 요거트 분말 섞어 80℃까지 온도를 높인다.

크림 요거트

재료명	분량
요거트 크림	400g
버터	230g
요거트 페이스트	200g
구연산:물(1:1)	10cc

제조공정

1. 요거트크림에 포머드 상태 버터를 넣고 잘 풀어준다.
2. 요거트 페이스트, 용해 구연산을 넣고 잘 섞는다.

Macaron Mint

마카롱 민트

재료명	비율	분량
아몬드 분말	100%	266g
슈가 파우더	100%	266g
달걀흰자A	35%	93g
달걀흰자B	38%	100g
설탕	75%	200g
물	29%	77cc
파란색 색소		소량

제조공정

1. 아몬드 분말, 슈가 파우더를 3번 정도 체 친다.
2. 1에 달걀흰자A를 넣어 파트를 만든다.
3. 설탕, 물을 117℃~118℃까지 끓인다.
4. 달걀흰자B를 올리며 3을 넣어
   이탈리안 머랭을 만든다.
5. 이탈리안 머랭을 40℃~45℃까지 낮추고
   파트에 2~3회 나누어 반죽한 후 색소를
   투입한다.
6. 지름 1cm 둥근 깍지를 짤주머니에
   넣어 반죽을 담아 실리콘 페이퍼 철판에
   지름 2.5~3cm 크기로 짠다.
7. 1시간 정도 말린 후 125℃~130℃/130℃
   오븐에 8분 정도 굽는다.
8. 프릴이 생기면 팬을 돌려 약 8분간 더 굽는다.

민트 가나쉬

재료명	분량
생크림	200ml
애플민트잎	3g
화이트초콜릿	300g
버터	20g
디종민트술	5cc

제조공정

1. 생크림을 데운 후 애플민트를 우린다.
2. 화이트초콜릿을 녹인 후 1을 체에 걸러
   섞고 가나슈를 만든다.
3. 포머드 버터를 넣어 유화한다.
4. 디종민트를 넣고 마무리 한다.

Macaron Rose

마카롱 로즈

재료명	비율	분량
아몬드 분말	100%	266g
슈가 파우더	100%	266g
달걀흰자A	35%	93g
달걀흰자B	38%	100g
설탕	75%	200g
물	29%	77cc
분홍색 색소		소량

제조공정

1. 아몬드 분말, 슈가 파우더를 3번 정도 체 친다.
2. 1에 달걀흰자A를 넣어 파트를 만든다.
3. 설탕, 물을 117℃~118℃까지 끓인다.
4. 달걀흰자B를 올리며 3을 넣어
   이탈리안 머랭을 만든다.
5. 이탈리안 머랭을 40℃~45℃까지 낮추고
   파트에 2~3회 나누어 반죽한 후 색소를
   투입한다.
6. 지름 1cm 둥근 깍지를 짤주머니에
   넣어 반죽을 담아 실리콘 페이퍼 철판에
   지름 2.5~3cm 크기로 짠다.
7. 1시간 정도 말린 후 125℃~130℃/130℃
   오븐에 8분 정도 굽는다.
8. 프릴이 생기면 팬을 돌려 약 8분간 더 굽는다.

로즈 크림

재료명	분량
장미잼	240g
버터	250g
레몬즙	1/2EA
로즈 리큐르	10cc

제조공정

1. 버터를 잘 풀어준 후 장미잼을 섞는다.
2. 레몬즙과 로즈 리큐르를 넣어 섞는다.

Macaron Orange

마카롱 오렌지

재료명	비율	분량
아몬드 분말	100%	266g
슈가 파우더	100%	266g
달걀흰자A	35%	93g
달걀흰자B	38%	100g
설탕	75%	200g
물	29%	77cc
오렌지 색소		소량

제조공정

1. 아몬드 분말, 슈가 파우더를 3번 정도 체 친다.
2. 1에 달걀흰자A를 넣어 파트를 만든다.
3. 설탕, 물을 117℃~118℃까지 끓인다.
4. 달걀흰자B를 올리며 3을 넣어
   이탈리안 머랭을 만든다.
5. 이탈리안 머랭을 40℃~45℃까지 낮추고
   파트에 2~3회 나누어 반죽한 후 색소를
   투입한다.
6. 지름 1cm 둥근 깍지를 짤주머니에
   넣어 반죽을 담아 실리콘 페이퍼 철판에
   지름 2.5~3cm 크기로 짠다.
7. 1시간 정도 말린 후 125℃~130℃/130℃
   오븐에 8분 정도 굽는다.
8. 프릴이 생기면 팬을 돌려 약 8분간 더 굽는다.

오렌지 크림

재료명	분량
생크림	150ml
화이트초콜릿	200g
오렌지필	50g
오렌지 원액	20cc
버터	115g
레몬즙	1/4EA

제조공정

1. 생크림, 오렌지 원액을 데운 후
   화이트초콜릿과 섞어 가나슈를 만든다.
2. 포머드 상태 버터를 섞은 후 오렌지필을섞고
   레몬즙을 섞는다.

Macaron Pistachio

마카롱 피스타치오

재료명	비율	분량
아몬드 분말	100%	266g
슈가 파우더	100%	266g
달걀흰자A	35%	93g
달걀흰자B	38%	100g
설탕	75%	200g
물	29%	77cc
녹색 색소		소량

제조공정

1. 아몬드 분말, 슈가 파우더를 3번 정도 체 친다.
2. 1에 달걀흰자A를 넣어 파트를 만든다.
3. 설탕, 물을 117℃~118℃까지 끓인다.
4. 달걀흰자B를 올리며 3을 넣어 이탈리안 머랭을 만든다.
5. 이탈리안 머랭을 40℃~45℃까지 낮추고 파트에 2~3회 나누어 반죽한 후 색소를 투입한다.
6. 지름 1cm 둥근 깍지를 짤주머니에 넣어 반죽을 담아 실리콘 페이퍼 철판에 지름 2.5~3cm 크기로 짠다.
7. 1시간 정도 말린 후 125℃~130℃/130℃ 오븐에 8분 정도 굽는다.
8. 프릴이 생기면 팬을 돌려 약 8분간 더 굽는다.

피스타치오 크림

재료명	분량
다진 피스타치오	150g
피스타치오 페이스트	100g
버터	370g
럼	5cc

제조공정

1. 버터를 부드럽게 풀고 피스타치오 페이스트를 섞는다.
2. 다진 피스타치오를 넣고 럼을 넣은 후 섞는다.

Macaron Yuzu

마카롱 유자

재료명	비율	분량
아몬드 분말	100%	266g
슈가 파우더	100%	266g
달걀흰자A	35%	93g
달걀흰자B	38%	100g
설탕	75%	200g
물	29%	77cc
노란색 색소		소량

제조공정

1. 아몬드 분말, 슈가 파우더를 3번 정도 체 친다.
2. 1에 달걀흰자A를 넣어 파트를 만든다.
3. 설탕, 물을 117℃~118℃까지 끓인다.
4. 달걀흰자B를 올리며 3을 넣어
   이탈리안 머랭을 만든다.
5. 이탈리안 머랭을 40℃~45℃까지 낮추고
   파트에 2~3회 나누어 반죽한 후 색소를
   투입한다.
6. 지름 1cm 둥근 깍지를 짤주머니에
   넣어 반죽을 담아 실리콘 페이퍼 철판에
   지름 2.5~3cm 크기로 짠다.
7. 1시간 정도 말린 후 125℃~130℃/130℃
   오븐에 8분 정도 굽는다.
8. 프릴이 생기면 팬을 돌려 약 8분간 더 굽는다.

유자 크림

재료명	분량
생크림	225ml
화이트초콜릿	225g
유자청	225g
버터	172g

제조공정

1. 생크림과 유자청을 넣고 끓인 후
   화이트초콜릿과 섞는다.
2. 포머드 버터를 넣고 잘 섞는다.

Macaron Mascarpone

마카롱 마스카포네

원료명	비율	분량
아몬드 분말	100%	266g
슈가 파우더	100%	266g
달걀흰자A	35%	93g
달걀흰자B	38%	100g
설탕	75%	200g
물	29%	77cc
바닐라빈		2EA

제조공정

1. 아몬드 분말, 슈가 파우더를 3번 정도 체 친다.
2. 1에 달걀흰자A를 넣어 파트를 만든다.
3. 설탕, 물을 117℃~118℃까지 끓인다.
4. 달걀흰자B를 올리며 3을 넣어
   이탈리안 머랭을 만든다.
5. 이탈리안 머랭을 40℃~45℃까지 낮추고
   파트에 2~3회 나누어 반죽한다.
6. 지름 1cm 둥근 깍지를 짤주머니에
   넣어 반죽을 담아 실리콘 페이퍼 철판에
   지름 2.5~3cm 크기로 짠다.
7. 1시간 정도 말린 후 125℃~130℃/130℃
   오븐에 8분 정도 굽는다.
8. 프릴이 생기면 팬을 돌려 약 8분간 더 굽는다.

마스카포네 크림

재료명	분량
생크림	70ml
화이트초콜릿	75g
바닐라빈	1EA
마스카포네 크림치즈	300g
버터	50g
럼	5cc

제조공정

1. 생크림, 바닐라빈을 데운 후 화이트 초콜릿과
   섞어 가나슈를 만든다.
2. 부드럽게 풀어 놓은 버터를 넣고 유화한다
3. 마스카포네 크림치즈를 부드럽게 풀어주며
   2를 조금씩 넣어 잘 풀어주고 럼을 섞는다.

Caramel

캐러멜

재료명	비율	분량
생크림	100%	300cc
설탕	65%	196g
물엿	70%	210g
솔비톨	6%	18g
트리몰린	6%	18g
카카오 매스	13%	40g
밀크초콜릿	40%	120g

튀일

재료명	분량
슈가 파우더	42g
중력분	18.5g
흰자	42g
버터	25.2g
소금	0.3g

제조공정

1. 믹싱볼에 버터를 부드럽게 풀고 소금,
   슈가 파우더를 조금씩 섞는다.
2. 1에 흰자를 조금씩 넣어 믹싱한다.
3. 체 친 중력분을 섞는다.
4. 원하는 크기로 짠 후 스푼을 물에 묻혀 얇게
   펴서 175℃ 오븐에 색이 날 때까지 굽는다.

제조공정

1. 카카오 매스와 초콜릿을 제외한 모든 재료를
   냄비에 넣어 119℃~120℃까지 끓여
   50℃로 식힌다.
2. 카카오 매스, 밀크초콜릿을 45℃로 녹여
   1에 섞은 후 틀에 부어 냉각시켜
   원하는 크기로 재단한다.

Nougat

누가

재료명	비율	분량
설탕A	600%	1500g
물엿	100%	250g
물	300%	750cc
달걀흰자	100%	250g
설탕B	30%	75g
꿀	400%	1000g

제조공정

1. 꿀을 120℃까지 끓인다.
2. 달걀흰자와 설탕B로 머랭을 90% 정도로 올린 후 120℃까지 올린 꿀을 넣어 100% 믹싱한다.
3. 비터로 교체 후 설탕A, 물엿, 물을 150℃까지 끓여 시럽을 2에 넣으며 믹싱한다.
4. 토치램프를 이용하여 믹싱볼이 식지 않도록 충분히 열을 가하여 너트류를 혼합하고 틀에 부어 냉각 후 원하는 크기로 재단한다.

충전물

재료명	분량
건조체리	350g
크랜베리	350g
통아몬드	800g
통헤이즐넛	900g
피스타치오	300g

만든 사람들 (기술스텝)

이름	경력
고재석	2012년 프로 제빵왕 SBS 생활의 달인 최강달인 (전) (사)대한제과협회기술분과 부위원장 (전) (사)한국제과기능장협회 교육위원장

이름	경력
원강희	(주)달인의꿈 대표 (전) (사)대한제과협회 기술지도 위원장 (전) (사)한국제과기능장협회 정보 위원장

이름	경력
최두리	최두리 케익공방 대표 곽지원 빵 공방 대표 (사)대한 슈가크래프트협회 회장 (사)한국 제과기능장협회 부회장

이름	경력
한진욱	한스제과제빵 아카데미 대표 2011 월드 페이스트리컵 설탕공예 한국대표 (전) (사)대한제과협회 기술분과 부위원장 (전) (사)한국제과기능장협회 감사

이름	경력
전민선	JM 컨설팅 대표 (전) (사)한국제과기능장협회 지회장 독일 이바컵 기술지도 위원 지방기능경기대회 심사위원

이름	경력
우경수	현대백화점 그룹 베이커리팀 개발실장 국가 과학기술인 R&D연구원 (전) (사)대한제과협회 기술지도 부위원장 (전) (사)한국제과기능장협회 이사

이름	경력
김삼범	(주)빵선생 대표 청운대학교 석사 졸업 (사)대한민국 제과기능장 (사)대한제과협회 기술분과 부위원장

이름	경력
고재선	울산제빵커피학원 대표 2012 월드 페스트리팀 챔피언쉽 한국대표 (전) (사)대한제과협회 기술지도 부위원장 (전) (사)한국제과기능장협회 국제교류위원장

이름	경력
김종현	아트갤러리 제과제빵 학원 대표 (전) (사)대한제과협회 기술지도 부위원장 (전) (사)한국제과기능장협회 이사

이름	경력
한서광	시즈오카 국제 기능올림픽 한국 국가대표 이태리 패스트리 월드컵 은메달 기술지도 영국 국제 기능올림픽 동메달 기술지도 독일 국제 기능올림픽 금메달 기술지도

이름	경력
최세현	최세현제과제빵학원 대표 2013 월드페이스트리컵 초콜릿공예한국대표 2013 월드 시티브레드 챔피언쉽 은메달 수상 (사)대한민국 제과기능장

이름	경력
신나리	캐나다 국제 기능올림픽 한국 국가대표 한국제과여성기술인대회 교육부장관상 수상 2013 siba 보건복지부장관표창 수상 (전) (사)대한제과협회 학생 기술지도위원

이름	경력
김동석	서울호서전문학교 제과제빵과 교수 2011 러시아 kremlin cup 국가대표 2012 독일 IKA 올림픽 국가대표 2013 siba 심사위원

이름	경력
김나래	이태리 패스트리 월드컵 한국 국가대표 (전) (사)대한제과협회 학생 기술지도위원

이름	경력
김호겸	천안 한미제과제빵학원 대표 (사)대한민국 제과기능장 핀란드 국제기능올림픽 한국 국가대표 2013월드페이스트리컵 아이스카빙 한국대표

이름	경력
천석태	한국 호텔 직업전문학교 근무 2011 siba 빵공예 동메달 수상 2012세계 조리사대회 금메달 수상 (전) (사)대한제과협회 학생 기술지도위원

이름	경력
유건희	한국 호텔 직업전문학교 교사 한국산업인력공단 직업 진로 지도교사 영국 국제 기능올림픽 한국국가대표 (전) (사)대한제과협회 학생 기술지도위원

이름	경력
강동석	독일 국제 기능올림픽 한국국가대표 (전) (사)대한제과협회 학생 기술지도위원

이름	경력
김봉규	(전) (사)대한제과협회 학생 기술지도위원